欢迎来到
怪兽学园

_____ 同学，开启你的**探索**之旅吧！

主角人物

阿思　　阿麦

献给亲爱的衡衡和柔柔，以及所有喜欢数学的小朋友。

——李在励

献给我的女儿豆豆和暄暄，以及一起努力的孩子们！

——郭汝荣

图书在版编目（CIP）数据

超级数学课 . 1, 校长的秘密 / 李在励著；郭汝荣绘. —北京：北京科学技术出版社，2023.12
（怪兽学园）

ISBN 978-7-5714-3349-9

Ⅰ. ①超… Ⅱ. ①李… ②郭… Ⅲ. ①数学—少儿读物 Ⅳ. ① O1-49

中国国家版本馆 CIP 数据核字（2023）第 210373 号

策划编辑：吕梁玉		**电　话**：0086-10-66135495（总编室）
责任编辑：金可砺		0086-10-66113227（发行部）
封面设计：天露霖文化		**网　址**：www.bkydw.cn
图文制作：杨严严		**印　刷**：北京利丰雅高长城印刷有限公司
责任印制：李　茗		**开　本**：720 mm×980 mm　1/16
出 版 人：曾庆宇		**字　数**：25 千字
出版发行：北京科学技术出版社		**印　张**：2
社　　址：北京西直门南大街 16 号		**版　次**：2023 年 12 月第 1 版
邮政编码：100035		**印　次**：2023 年 12 月第 1 次印刷
ISBN 978-7-5714-3349-9			

定　价：200.00 元（全 10 册）

1校长的秘密

鸡兔同笼

李在励◎著　　郭汝荣◎绘

北京科学技术出版社
100层童书馆

今天是怪兽学园的社会实践日，小怪兽们坐着校车来到了郊外的农场。

当大家都在观看奶牛时，阿麦和阿思却溜走了。

哞！哞！哞！

nǎi niú
奶牛

咔 咔 咔

100 米 →
厕所

2

"咱们去看看别的吧！"阿麦说。

阿思点点头。他虽然个子高，但胆子小。面对高大的奶牛，阿思心里有点儿害怕，他更喜欢那些可爱的小动物。

他们绕过了猪圈和马厩，来到了一排矮栅栏前。

　　阿麦好奇地踮起脚向栅栏里面张望时，不小心摔了一跤，撞倒了面前的栅栏。

　　这下可闯了祸，一群小鸡从栅栏里冲了出来，紧接着又蹦出了几只小兔子。

慌乱的阿麦惊叫起来，阿思也有些不知所措。

正当他们手忙脚乱的时候，一条大大的尾巴伸了过来，围住了在栅栏外蹦跳的小鸡和小兔。

原来是怪兽学园的校长——多多博士！

阿麦和阿思小心翼翼地
走到校长身边。

"多多博士，对不起，
我们不是故意的。"阿思说。

"我们……我们只是想看看
小动物们在干什么。"阿麦说。

"你们两个小淘气！"多多博士并没有发火，他摸了摸阿麦的头。

"这样吧，我来考考你们，你们要是能说出我尾巴围住的小鸡和小兔的数量，我就让你们和它们玩。"

"可是，小动物们都被您挡住了，我们什么也看不见。"阿麦有些着急。

"给你们一点儿提示吧,这些小鸡和小兔一共有5个头和14条腿。"多多博士笑眯眯地说。

"有5个头表示小鸡和小兔一共有5只，每只小鸡有2条腿，每只小兔有4条腿。"阿思喃喃自语。

1个头　2条腿　　1个头　4条腿

思考了片刻之后，阿思捡起了一根树枝，在地上写写画画。

"如果是 1 只小鸡和 4 只小兔，2+4+4+4+4=18，一共有 18 条腿，不对。"

"那如果是 2 只小鸡和 3 只小兔……2+2+4+4+4=16，16 条腿也不对。"

原来，阿思在地上画了一个大大的表格，试图通过列表的方式找到答案。

（只）	（只）	鸡腿（条）	兔腿（条）	总腿数（条）
1	4	2	16	18
2	3	4	12	16
3	2	6	8	14

"继续让小鸡多 1 只，小兔少 1 只吧！ 3 只小鸡和 2 只
小兔……"

"2+2+2+4+4=14，正好是 14 条腿！"阿麦抢着回答。

嗯！
嗯！

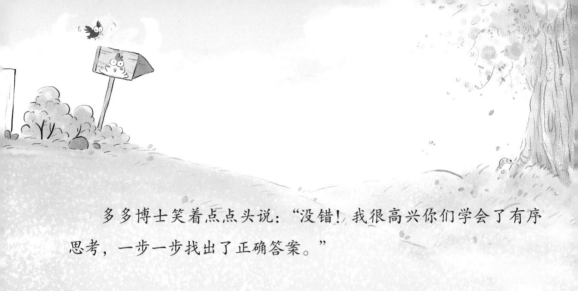

多多博士笑着点点头说："没错！我很高兴你们学会了有序思考，一步一步找出了正确答案。"

　　小鸡和小兔在多多博士的尾巴围成的圈里蹦蹦跳跳，活泼极了。

　　阿麦看着眼前可爱的小动物，不由得着急起来："校长先生，我也会解这道题！"

　　多多博士知道阿麦的小心思，缓缓地将尾巴收了起来，让小鸡和小兔围在阿麦身边。

"我喜欢画画！"阿麦说，"我可以用画画来解决这个问题。我画5个圆圈表示5只小动物的头，再在每个圆圈下方画2条线，表示2条腿。"

"不对不对，小兔有4条腿，你怎么画的全是2条腿？"阿思皱着眉说。

"别急呀！"阿麦挥舞着树枝说道，"现在画了 10 条腿了，还少 4 条腿，再给 2 个圆圈各添 2 条线。"

"2 个圆圈上有 4 条线，3 个圆圈上有 2 条线，也就是说有 2 只小兔和 3 只小鸡。"阿思瞬间领会了阿麦的意思。

阿麦对自己的作品非常满意，得意地说："多多博士，我这个画图法是不是很棒呀？画得清清楚楚，一眼就能看明白。"

多多博士点点头说："你们两个的办法都很好，但是当小鸡和小兔有很多的时候，你们需要画很长很长的表格或者很多很多的圆圈才能找到答案。"

"那您有更好的解决办法吗？"阿思认真地问，他很希望能从多多博士那里学到更多的知识。

多多博士示意他们将小鸡和小兔送回栅栏里，并问道："假设我们的小鸡和小兔很听话，我吹一声口哨它们就抬起一条腿，我吹 2 下口哨之后会怎么样呢？"

"啊，那小兔们抬起了 2 条腿，还能用 2 条腿站着；小鸡们 2 条腿都抬起来，只能一屁股坐到地上了。"想到小鸡们一屁股坐在地上的样子，阿麦哈哈大笑。

"5只小动物一共抬起了10条腿，14-10=4，还剩下4条腿在地上。小兔子比小鸡多2条腿，4÷2=2，我明白了！这就说明有2只小兔，小鸡自然是3只了！"阿思兴奋地说道。

14-10=4（条）

兔 4÷2=2（只）

鸡 5-2=3（只）

"可如果小鸡和小兔不听话呢？"一旁的阿麦疑惑地问。

此时的阿思早已有了办法："多多博士的办法是吹哨子，我的办法是绑腿，我要把小动物的腿每 2 条绑一起。"

阿麦想了想说："那绑完后，每只小鸡就可以看作有 1 条腿，每只小兔就可以看作有 2 条腿。"

$$1 + 1 + 1 + 2 + 2 = 7（条）$$

兔 7-5=2（只） 鸡 5-2=3（只）

"用了这个办法，腿的数量就变成原来的一半，本来有14条腿，现在变成7条腿了。5只小动物有7条腿，小鸡看作有1条腿，小兔看作有2条腿，多出来的2条腿说明有2只小兔。"阿思慢条斯理地计算着。

"啊哈！2只小兔，3只小鸡，这种算法果然没错！"阿麦开心极了，现在他有点儿崇拜自己的小伙伴了。

"真聪明！"多多博士高兴地夸赞阿麦和阿思。

用眼感受，
用心体会！

此时，同学们的嬉闹声传来，大部
队也来啦。阿麦和阿思相视一笑，朝多
多博士眨了眨眼就悄悄回到了队伍中，
假装什么也没有发生过。

怪兽学园
社会实践

出 口

补充阅读

"鸡兔同笼"是我国古代著名的数学趣题之一，最早出现在距今约 1600 年的《孙子算经》上，原题是这样的：今有雉兔同笼，上有三十五头，下有九十四足，问雉兔各几何？

假设35只动物全是鸡，有多少只脚？ 35×2=70（只）

多出的脚 94-70=24（只）

每只兔子多2只脚，所以兔子的数量是 24÷2=12（只）

鸡的数量是35-12=23（只）

答：一共有12只兔子和23只鸡。

拓展练习

1. 5角和1元的硬币一共有15枚，总钱数为10元，请问5角和1元的硬币各有几枚？

2. 20个小朋友在骑车，有的骑自行车，有的骑三轮车，一共有50个轮子，请问自行车和三轮车各有几辆？

3. 训练场上有12张乒乓球台，每张球台都有人在训练，有人是单打，有人是双打，一共有40人在参加训练，请问单打和双打各有多少人？

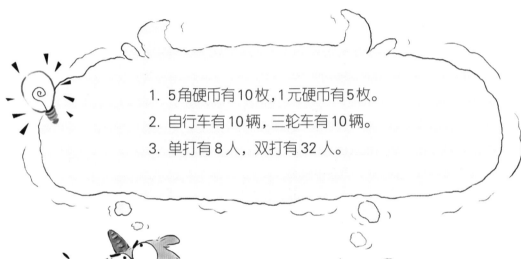

1. 5角硬币有10枚，1元硬币有5枚。

2. 自行车有10辆，三轮车有10辆。

3. 单打有8人，双打有32人。

So easy!